电网工程建设

安全文明施工图册

综合管廊

国网江苏省电力有限公司建设部
国网江苏省电力工程咨询有限公司   组编

中国电力出版社
CHINA ELECTRIC POWER PRESS

内 容 提 要

本书主要以《国家电网公司电力安全工作规程》《电力建设安全工作规程》为依据，收集、整理了苏通GIL综合管廊工程隧道盾构及设备安装阶段的各项安全文明施工布置，按照功能和区域将各类典型经验归纳总结。全书共5章，具体为：安全防护实时监控系统、班组及个人防护用品、综合管廊入口、综合管廊内部、常用标识牌。

本书系统全面、图文并茂，可供综合管廊一线施工人员及企业管理人员进行安全教育、日常工作时使用，也可供相关人员学习参考。

图书在版编目（CIP）数据

电网工程建设安全文明施工图册. 综合管廊 / 国网江苏省电力有限公司建设部，国网江苏省电力工程咨询有限公司组编. --北京：中国电力出版社，2019.7（2020.6 重印）
  ISBN 978-7-5198-3227-8

Ⅰ.①电… Ⅱ.①国… ②国… Ⅲ.①地下管道—管道施工—安全管理—图集 Ⅳ.①TM08-64

中国版本图书馆CIP数据核字（2019）第105287号

出版发行：中国电力出版社
地　　址：北京市东城区北京站西街19号（邮政编码100005）
网　　址：http://www.cepp.sgcc.com.cn
责任编辑：崔素媛（010-63412392）
责任校对：黄　蓓　马　宁
装帧设计：张俊霞（版式设计和封面设计）
责任印制：杨晓东

印　　刷：北京博图彩色印刷有限公司
版　　次：2019年7月第一版
印　　次：2020年6月北京第二次印刷
开　　本：880毫米×1230毫米 32开本
印　　张：2.5
字　　数：60千字
定　　价：40.00元

编审委员会

主　任　黄志高

委　员　肖　树　孙　雷　孙发国　吴　威　俞越中　陆东生　谢洪平
　　　　裴爱根　陈　兵

编写组　柏　彬　吴串国　郑　兴　熊兵先　刘　巍　李东鑫　茅鑫同
　　　　黄云天　张　鑫　张新宇　张　政　郭　健　韩　鸣　毕　涛
　　　　巫吉祥　孙旭涛　王举举　苏西太　陆　平　周和荣

审查组　戴　阳　何宏杰　陈松涛　钱玉华　陈　勇　杜长青　卞留根
　　　　李　刚　王海滨　陈　鹏

编写单位　国网江苏省电力有限公司建设部
　　　　　国网江苏省电力工程咨询有限公司
　　　　　江苏省送变电有限公司
　　　　　上海市合流工程监理有限公司
　　　　　中铁十四局集团有限公司

序

安全生产事关人民福祉，事关经济社会发展大局。

自党的"十八大"以来，中央对安全生产工作空前重视。在十九大报告中，习近平总书记指出，要树立安全发展理念，弘扬生命至上、安全第一的思想，健全公共安全体系，完善安全生产责任制，坚决遏制重特大安全事故，提升防灾、减灾、救灾能力。然而，环视现下环境，国家正处在工业化、城镇化持续推进的特殊历史时期，安全生产基础仍不牢固，安全生产事故易发、多发，安全形势仍然严峻。

作为保障国家能源安全的"国家队"，国家电网有限公司坚持以国家"总体安全观"为根本遵循，率身作为，提出了打造"三型两网"企业的战略目标，确立了通过实施质量变革提升安全管理能力的根本思路。

就基建安全而言，实施质量变革就是要突出精益管理、精细作业，就是要把严谨细致的理念贯穿到电网建设的全过程。所以，在电网建设环境更加复杂、建设要求更加严格、建设任务更加繁重的背景下，推行安全文明施工措施的标准化建设便是响应质量变革的务实之举。

为此，国网江苏省电力有限公司组织人员，整理收集了大量有关电网工程（包括苏通GIL综合管廊工程）安全文明施工设施和标准式样图纸说明及参数等资料，在此基础上，编写了本套《电网工程建设安全文明施工图册》。本套图册共分为3个分册，分别是《变电工程》《线路工程》《综合管廊》。希望电网建设施工管理人员和作业人员通过学习运用本书，共同推进电网建设工程安全制度执行标准化、安全设施标准化、个人安全防护用品标准化、现场布置标准化、作业行为规范化和环境影响最小化，携手打造"精益管理"的电网建设安全生态。

国网江苏省电力有限公司副总经理

前　言

　　为了规范苏通GIL综合管廊工程隧道安装安全文明施工管理，保证工程建设过程中安全管控措施到位，进一步强化电力建设标准化管理水平，苏通GIL综合管廊工程业主项目部联合工程各参建单位，以《国家电网公司电力安全工作规程》《电力建设安全工作规程》为依据，组织编写了本图册。

　　本图册通过实景照片、简明漫画、标识图牌及简要文字说明等通俗易懂的方式呈现，为现场作业人员提供实际可行、标准规范的安全文明施工管理模板。本图册内容涵盖隧道安装施工现场的各个环节，同时新增安全防护实时监控系统，对综合管廊内安全防护进行了系统描述。

　　本图册适用于苏通GIL综合管廊工程的隧道内安装安全文明施工管理工作，其他综合管廊工程安全文明施工管理工作可参照使用。

　　由于编者水平有限，疏漏之处在所难免，恳请各位领导、专家和读者提出宝贵意见。

目 录 Contents

PART 1 安全防护实时监控系统

　　安全防护实时监控系统包含人员视频监控系统、气体环境监测系统、广播对讲系统、火灾自动报警系统，如图1-1所示。对管廊内人的行为、物的状态以及环境因素实时监控，实现现场安防信息的快速汇总与指令的及时下达。

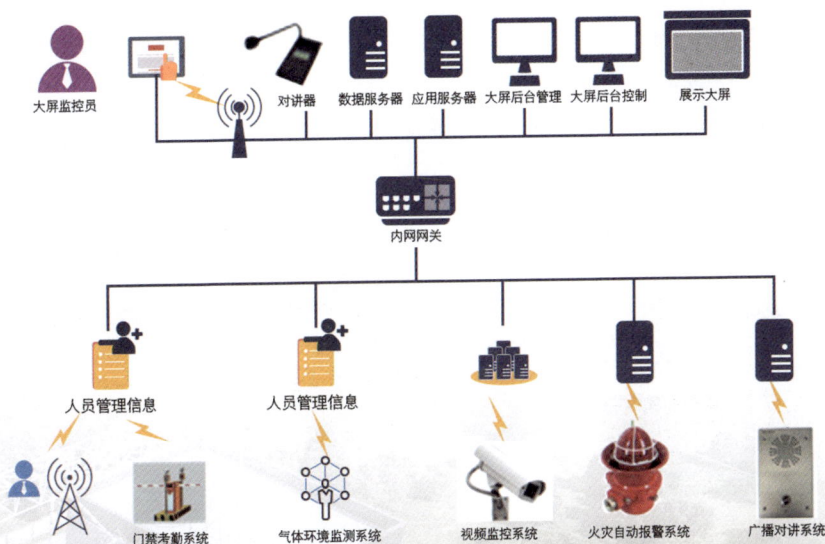

图1-1　安全防护实时监控系统结构图

1.1 人员车辆管理系统

人员车辆管理系统主要分为人员车辆定位系统和门禁考勤系统。

人员车辆定位系统结构图如图1-2所示。人员和车辆有相应的微标签，其中车辆微标签定位系统图如图1-3所示。

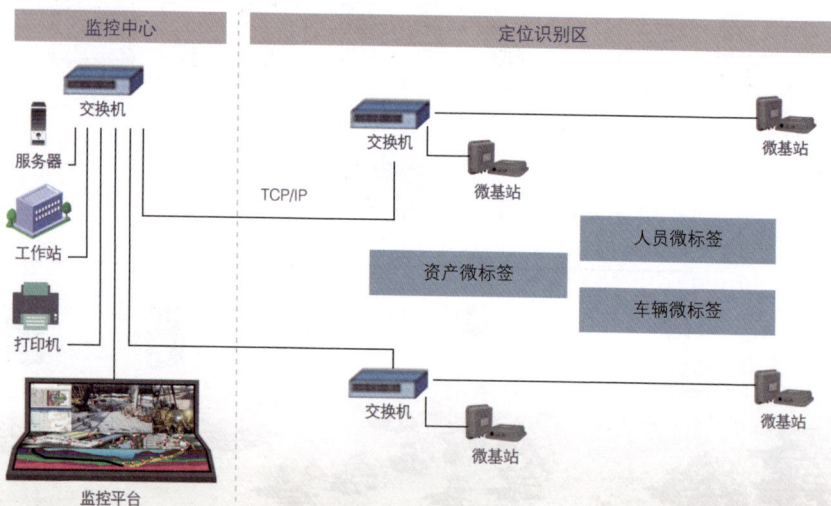

图1-2　人员车辆定位系统结构图

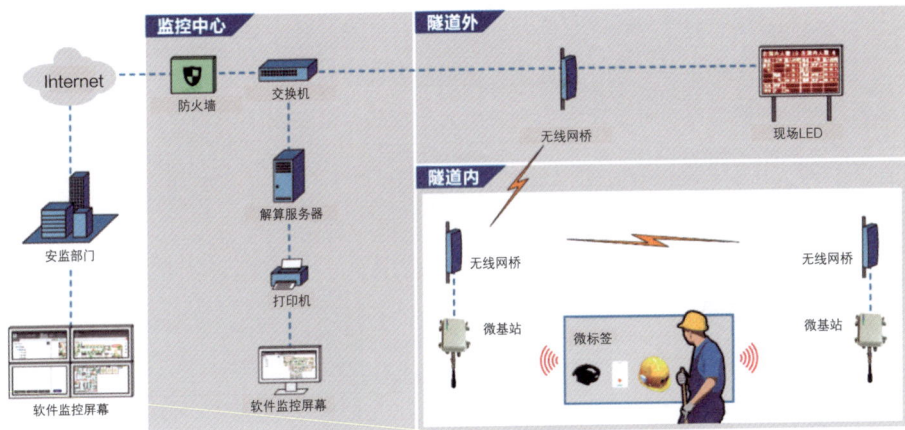

图1-3 微标签定位系统图

综合管廊上腔每隔约100m吸顶安装1台定位微基站（见图1-4），覆盖整个管廊区域。

图1-4 微基站

人员和车辆配备微标签（见图1-5），将位置信号通过微基站实时传输至监控中心。

图1-5 微标签

门禁考勤系统安装在地面施工场地主要通道和管廊进出区域，通过前端人脸识别器与身份标签交互识别进出人员权限，具备权限则放行。门禁考勤系统结构图如图1-6所示。

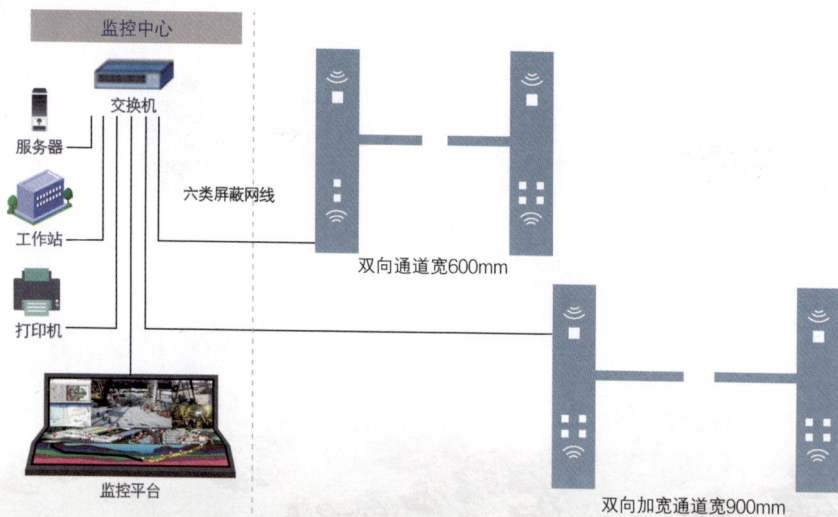

监控中心

交换机

服务器

六类屏蔽网线

工作站

打印机

双向通道宽600mm

监控平台

双向加宽通道宽900mm

图1-6　门禁考勤系统结构图

1.2 视频监控系统

辅助系统安装阶段使用临时视频监控系统，隧道一端为主通道，布置3个球机、6个枪机，隧道另一端为施工场地，布设1个球机和4个枪机，隧道内部布设6个球机和4个移动摄像头，共计24个视频监控摄像头。移动摄像头采用基于4G的无线网络，由专人负责携带，便于实时掌控管廊内施工情况。视频监控摄像头如图1-7所示。视频监控系统结构图如图1-8所示。

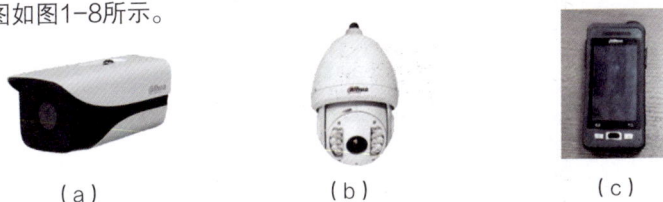

（a）　　　　　　　　　（b）　　　　　　　　　（c）

图1-7　视频监控摄像头

（a）枪机；（b）球机；（c）移动摄像头

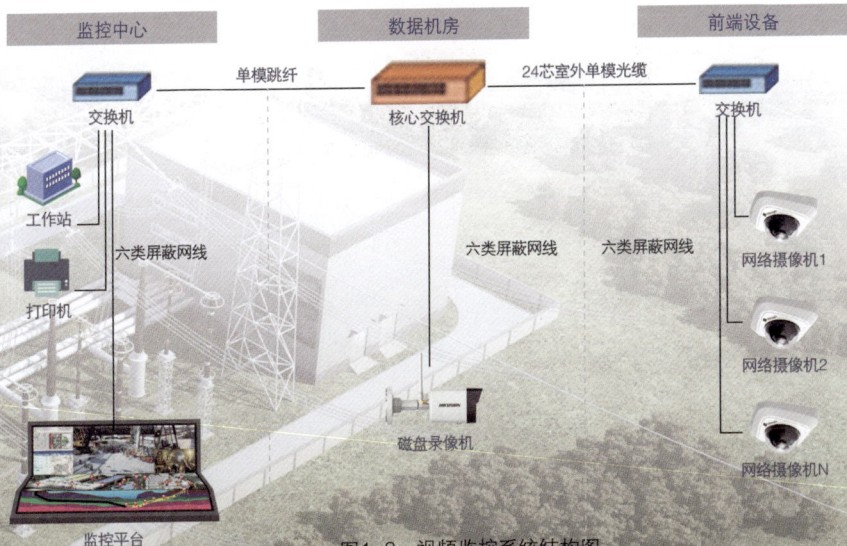

图1-8　视频监控系统结构图

1.3 气体环境监测系统

管廊内属于受限空间作业，需要对管廊内有害气体（一氧化碳、硫化氢、甲烷、可燃气体）、空气含氧量等进行实时监测，每隔600m左右布置一台隧道内气体探测装置（见图1-9）。

图1-9　隧道内气体探测装置

1.4 广播对讲系统

隧道内每个分区安装6部语音对讲终端和6个喇叭，其中上腔和下腔分别3部，间距175m，实现对隧道内外的远程应急广播、安全提醒、政策报播、交通信息、安全疏导和信息交换。

广播对讲系统设备如图1-10所示，广播呼叫系统结构图如图1-11所示。

（a）　　　　　　　　（b）

图1-10　广播对讲系统设备

（a）语音对讲终端；（b）喇叭

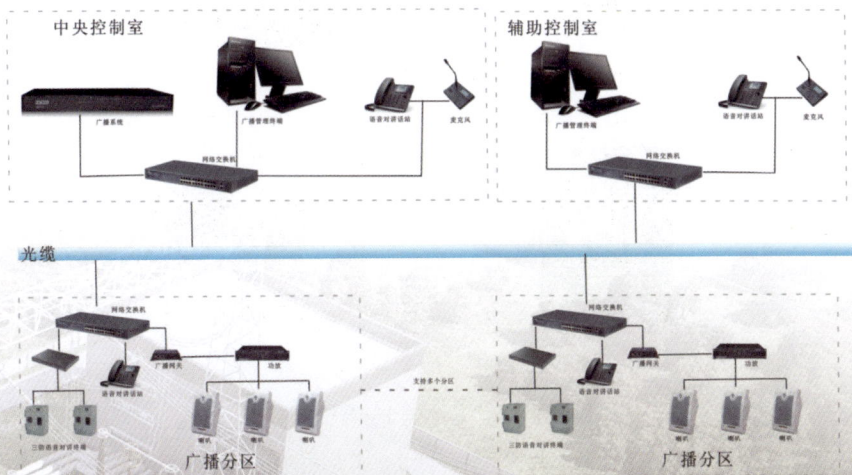

图1-11　广播呼叫系统结构图

1.5 火灾报警系统

　　火灾报警系统根据设计要求在辅助系统安装阶段进行安装，上腔每8m布置1个感烟探头，每36m布置1个火灾手报按钮及火灾声光报警器，每216m布置1部火灾消防电话；下腔每11m布置1个感烟探头，每30m布置1个火灾手报按钮及火灾声光报警器，每200m布置1部火灾消防电话。火灾报警系统设备如图1-12所示。

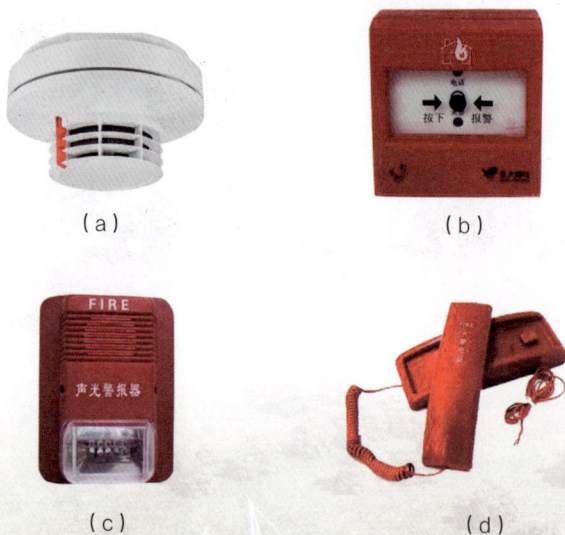

（a）

（b）

（c）

（d）

图1-12　火灾报警系统设备

（a）感烟探头；（b）火灾手报按钮；

（c）火灾声光报警器；（d）火灾消防电话

管廊上腔管壁共布置34只温湿度传感器（见图1-13），两端出口及中间位置各布置一套风速风压传感器（见图1-14），用于实时监测管廊内部温湿度和通风情况。

图1-13　温湿度传感器

图1-14　风速传感器

1.6 大屏展示系统

　　监控大屏展示系统（见图1-15）接入人员车辆、视频、气体环境、火灾等监测信息，实现对进场人员、作业环境、施工进度、视频监控、火灾险情等动态监控与应急指挥管理，以及用于GIL设备运输、安装关键工序的三维仿真演示。

图1-15　大屏展示系统

PART 2 **班组及个人防护用品**

2.1 班组用品配置

2.1.1 移动式工具箱

移动式工具箱用于存放小型施工器具、安全用具、通信工具、医药箱等（见图2-1）。

图2-1 移动式工具箱

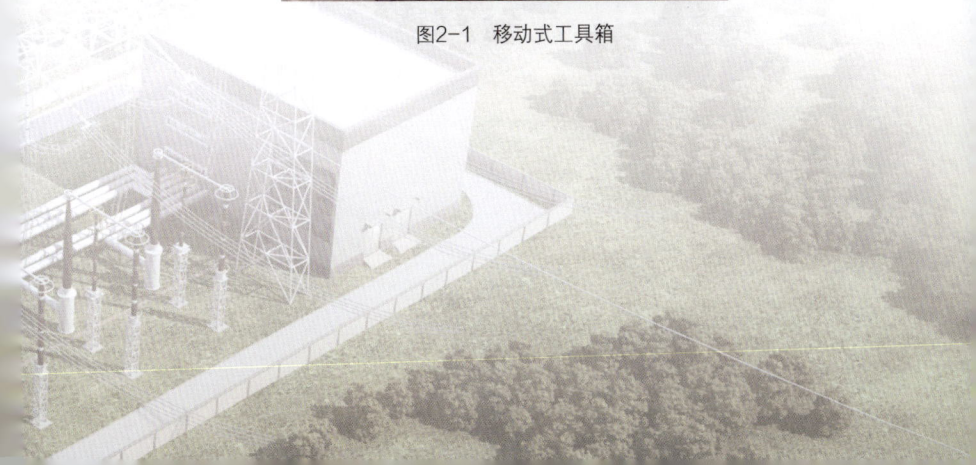

2.1.2 手持式对讲机

每班组配置3台手持式对讲机，作为辅助通信设备（见图2-2）。

图2-2　手持式对讲机

2.1.3 安全带

每班组配置2条安全带。

使用要求：

（1）在坠落高度2m及以上高处作业的施工人员应佩戴安全带（见图2-3）。

（2）按规定定期进行试验。

（3）使用前进行外观检查，做到高挂低用。

（4）应存储在干燥、通风的仓库内，不准接触高温、明火、强酸和尖锐的坚硬物体，也不允许长期暴晒。

图2-3　正确佩戴安全带

2.1.4 绝缘手套

每班组配置一副绝缘手套（见图2-4）。

使用要求：

（1）用于对高压验电、挂拆接地、高压电气试验、牵张设备操作等作业人员的保护，使其免受触电伤害。

（2）定期检验绝缘性能，泄漏电流须满足规范要求。

（3）使用前进行外观检查，作业时须将衣袖口套入手套筒口内。

（4）使用后，应将手套内外擦洗干净，充分干燥后，撒滑石粉，在专用支架上倒置存放。

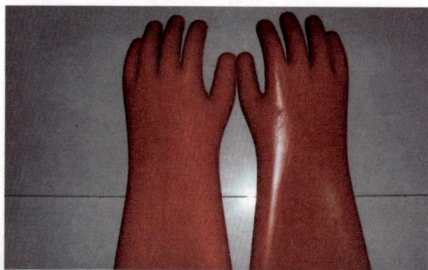

图2-4　绝缘手套

2.1.5 防毒面罩

每个班组配备适量防毒面罩（见图2-5），用于紧急情况下人员撤离。

图2-5　防毒面罩

2.1.6 应急手电

每个班组配备适量应急手电（见图2-6），并保证处于满电状态。

图2-6　应急手电

2.1.7 医药箱

每个班组配备一个应急医药箱（见图2-7）。

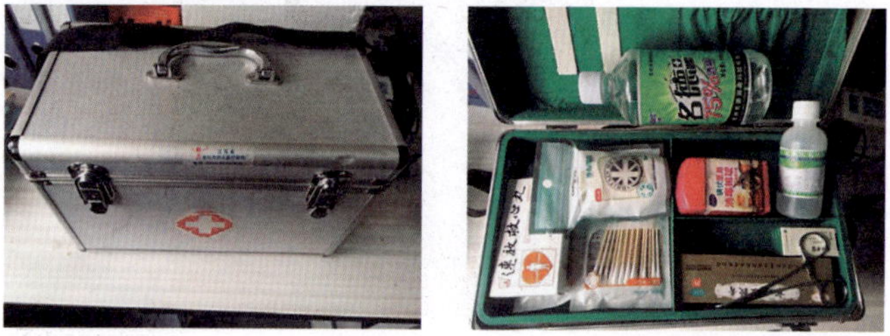

图2-7　医药箱

医药箱内必须包含创可贴、医用酒精、双氧水、正红花油、医用纱布、医用胶带、云南白药、速效救心丸等急救医药箱内存放的药品、器械统一配置，由班组长保管，任何人不得移作他用；常用急救药品实行定期定量更新。

2.1.8 尿袋

每个施工班组配备足量尿袋（见图2-8），并每日统一回收处理。

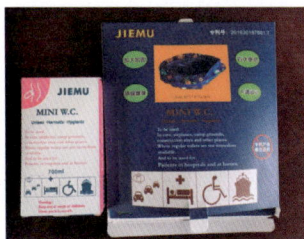

图2-8 尿袋

2.1.9 "四合一"气体报警检测仪

每个班组配备一台"四合一"气体报警检测仪（见图2-9），指定专人负责检测作业点氧气和危险气体含量，并填写记录。

图2-9 气体报警检测仪

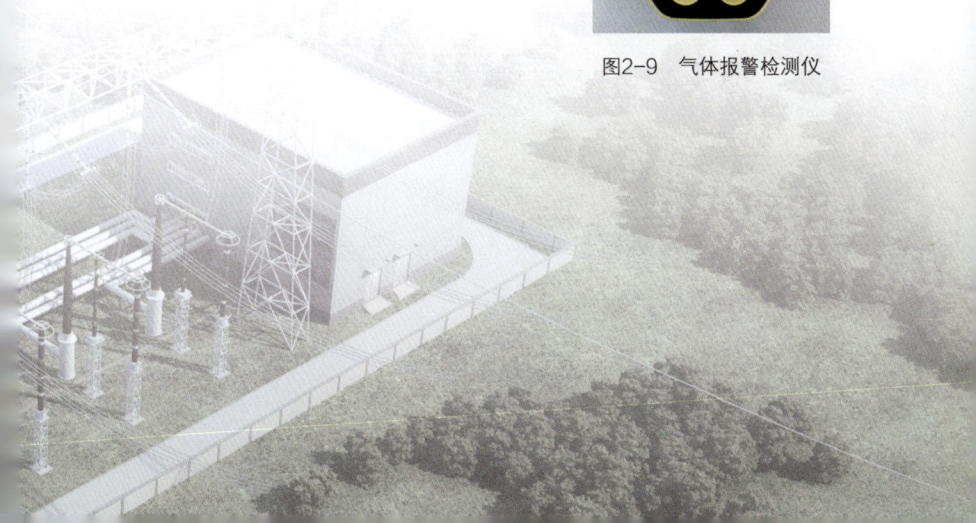

2.2 个人用品配置

2.2.1 安全帽

安全帽在背面加印所在单位企业名称及编号。安全帽实行分色管理（见图2-10），管理层、职工、外协工、厂家等所用安全帽应有明显的区别（文字或标识）。

（a）　　　　　　　　　　（b）

（c）　　　　　　　　　　（d）

图2-10　安全帽分色管理示例

（a）管理层；（b）职工；（c）外协工；（d）厂家

2.2.2 工作服

工作服（见图2-11）应具有透气、吸汗及防静电等特点，一般宜选用棉制品。除有特殊着装要求的工种外，同一单位在同一施工现场的员工统一着装。

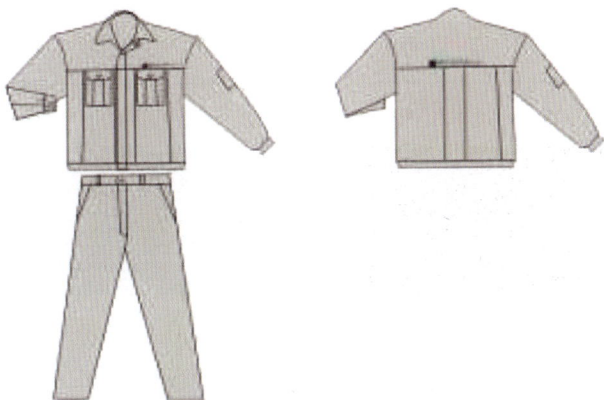

图2-11　工作服

2.2.3 胸卡

胸卡（见图2-12）表明人员身份的证件。所有现场人员均应佩戴胸卡，临时进入现场的参观、检查等人员需要佩戴临时出入证。

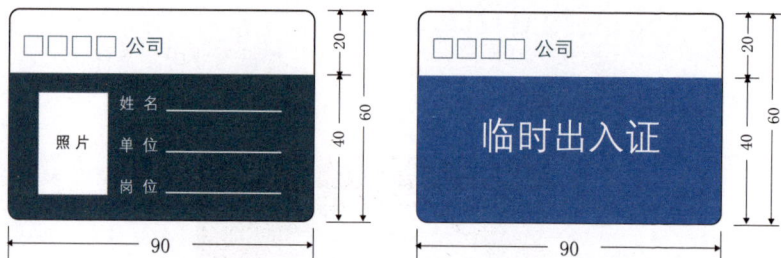

图2-12　胸卡及临时出入证标准式样（单位：mm）

2.2.4 劳保手套

根据作业性质选用，通常选用帆布、棉纱手套；焊接作业应选用皮革或翻毛皮革手套。操作车床、钻床、铣床、砂轮机，以及靠近机械转动部分时，严禁戴手套。

2.2.5 防尘口（面）罩

防止可吸入颗粒物及烟尘对人体的伤害。根据作业内容及环境，选择防尘口罩或面罩，见图2-13。

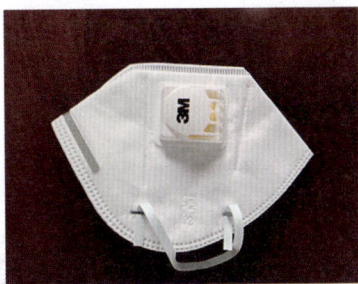

图2-13　防尘口罩

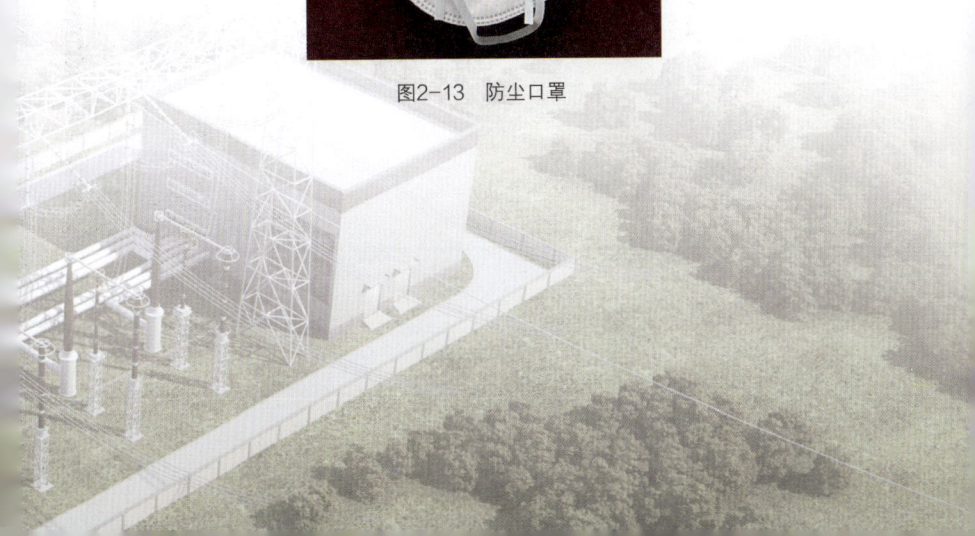

2.2.6 应急头灯

应急头灯为移动防爆LED头灯，作为应急照明电源，如图2-14所示。

图2-14　应急头灯

2.2.7 反光背心

反光背心在光线较差的环境能够发挥白天一样的高能见度，进入管廊人员统一穿着反光背心，如图2-15所示。

图2-15　反光背心

2.2.8 正压式呼吸器、便携式氧气罐

正压式呼吸器（见图2-16）为自给开放式空气呼吸器，可以防止处于火灾中的人员吸入对人体有害毒气、烟雾、悬浮于空气中的有害污染物等；同时配以便携式氧气罐（见图2-17），在缺氧环境中，作为氧气供给源。

图2-16　正压式呼吸器

图2-17　便携式氧气罐

PART 3

综合管廊入口

3.1 门卫室

综合管廊入口设置门卫室，与门禁系统综合布置成集装箱式，如图3-1所示。

图3-1　门卫室

3.2 门禁系统

　　管廊进出区域设置了门禁装置对进入施工场地的人员进行管理以及考勤记录，掌握入场人员信息。人员进门时通过人脸识别匹配，人员匹配成功，绿灯点亮，同时通道翼闸打开，否则门不打开，红灯亮，蜂鸣器发出"滴滴"两声。门禁闸机通行方式示意图如图3-2所示。

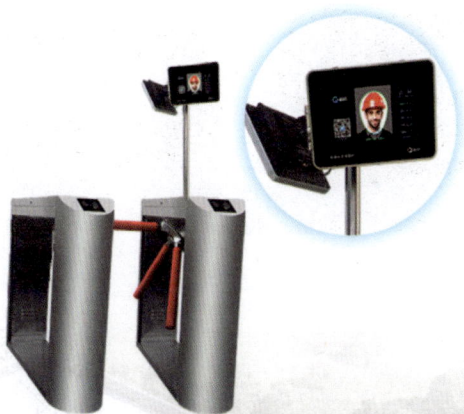

图3-2　门禁闸机通行方式示意图

3.3 有害气体浓度告示牌

有害气体浓度告示牌如图3-3所示。

有 害 气 体 浓 度 告 示 牌

序号	气体种类	正常值	低报警点	高报警点
1	可燃气体（EX）	0~20%LEL	20%~50%LEL	>50%LEL
2	一氧化碳（CO）	0~50ppm	50~150ppm	>150ppm
3	氧气（O_2）	19.5%~23.5%VOL	<19.5%VOL	>23.5%VOL
4	硫化氢（H_2S）	0~10ppm	10~35ppm	>35ppm

综合管廊工程业主项目部

图3-3 有害气体浓度告示牌

注：尺寸要求为900mm×1500mm。

3.4 "四合一"气体报警检测仪使用规范

"四合一"气体报警检测仪使用规范图牌如图3-4所示。

"四合一"气体报警检测仪使用规范

　　1、进入管廊作业前，必须坚持"先通风，再检测，后作业"的原则。管廊内氧气含量应保证在19.5%～23.5%。

　　2、进入管廊作业前，设置专人佩戴四合一气体监测报警仪（H_2S、CO、可燃气体、O_2），对管廊内作业环境进行检测，并与后方管理人员保持联系，发生危险及时撤离。未经通风和检测合格，任何人员不得进入管廊作业。检测时间不得早于作业开始前30分钟。

　　3、发现通风设备停止运转、管廊内氧含量浓度低于或者有毒害气体浓度高于标准要求时，必须立即与监控指挥大厅联系报告险情，同时停止作业，清点人数，组织撤离作业现场。

　　4、在管廊作业过程中，应对作业场所中的危险有害因素进行实时监测。作业中断超过30分钟，作业人员再次进入管廊前，应重新通风、检测合格后方可进入。

　　5、进入管廊后每两小时检测一次，做好相关记录。

图3-4　"四合一"气体报警检测仪使用规范

注：尺寸要求为600mm×400mm。

3.5 有限空间管理规定

有限空间管理规定图牌如图3-5所示。

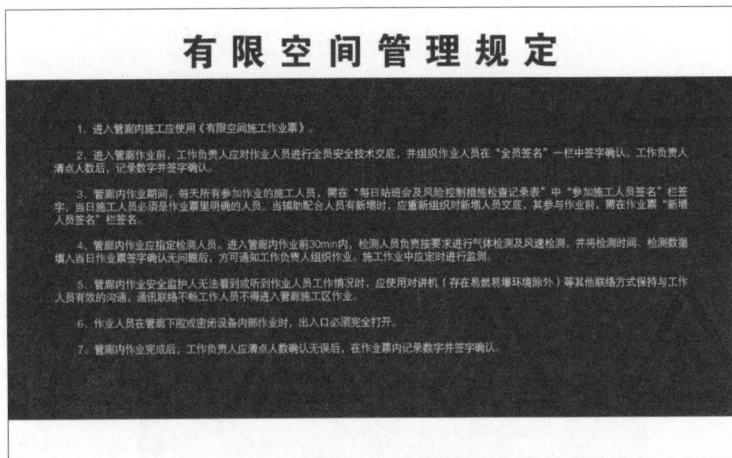

图3-5　有限空间管理规定

注：尺寸要求为900mm×1500mm。

3.6 管廊内文明施工管理规定

管廊内文明施工管理规定图牌如图3-6所示。

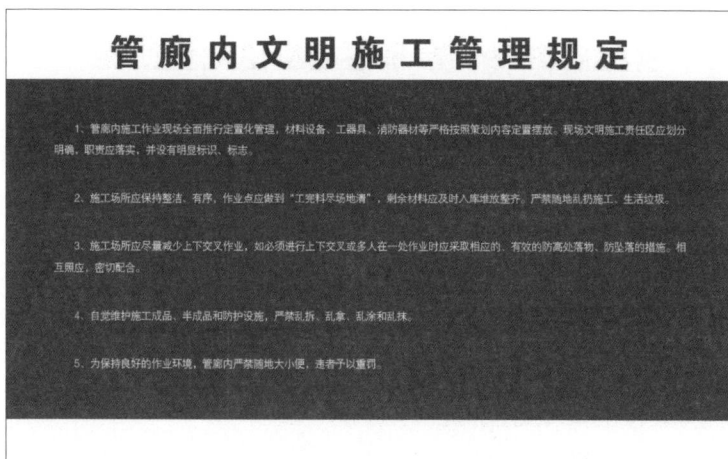

图3-6　管廊内文明施工管理规定

注：尺寸要求为900mm×1500mm。

3.7 管廊内中毒、窒息事故应急处置措施

管廊内中毒、窒息事故应急处置措施图牌如图3-7所示。

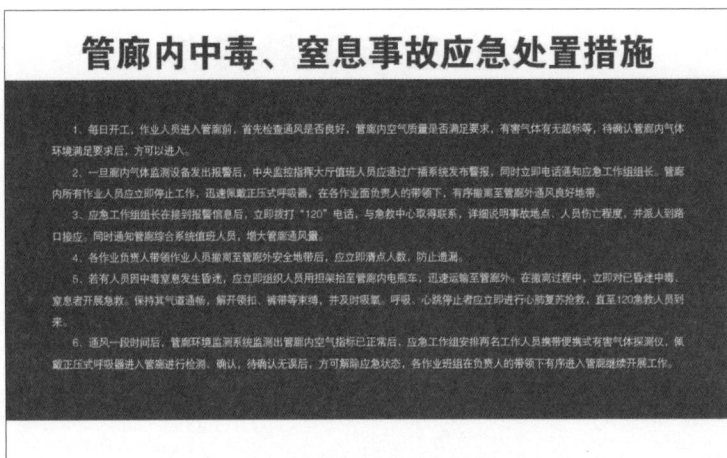

图3-7　管廊内中毒、窒息事故应急处置措施

注：尺寸要求为900mm×1500mm。

3.8 管廊内突发停电事故应急处置措施

管廊内突发停电事故应急处置措施图牌如图3-8所示。

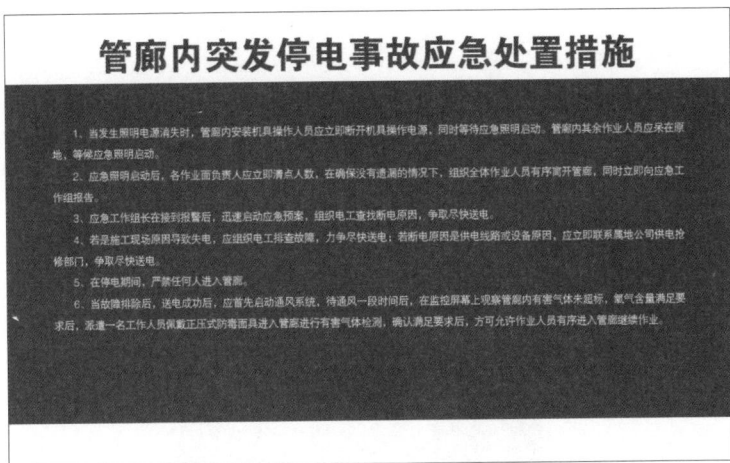

管廊内突发停电事故应急处置措施

1. 当发生照明电源消失时，管廊内安装机具操作人员应立即断开机具操作电源，同时等待应急照明启动。管廊内其余作业人员应采在原地，等候应急照明启动。

2. 应急照明启动后，各作业面负责人应立即清点人数，在确保没有遗漏的情况下，组织全体作业人员有序离开管廊，同时立即向应急工作组报告。

3. 应急工作组长在接到报警后，迅速启动应急预案，组织电工查找电原因，争取尽快送电。

4. 若是施工现场原因导致失电，应组织电工排查故障，力争尽快送电；若断电原因是供电线路或设备原因，应立即联系属地公司供电抢修部门，争取尽快送电。

5. 在停电期间，严禁任何人进入管廊。

6. 当故障排除后，送电成功后，应管先启动通风系统，待通风一段时间后，在监控屏幕上观察管廊内有害气体未超标，氧气含量满足要求后，派遣一名工作人员佩戴正压式防毒面具进入管廊进行有害气体检测，确认满足要求后，方允许作业人员有序进入管廊继续作业。

图3-8 管廊内突发停电事故应急处置措施

注：尺寸要求为900mm×1500mm。

PART 4 综合管廊内部

4.1 施工临时电源及施工临时照明

4.1.1 临时用电设施

　　配电变压器布置（见图4-1）：管廊内配电变压器采用矿用防爆型浇封式防爆变压器。变压器四周用围栏维护，两端设置防撞柱，防撞柱内应浇筑混凝土，使用直径 ϕ 300mm 钢管与现浇混凝土预留钢板连接；围栏四周张贴"当心触电"等用电安全标识牌。

图4-1　配电变压器

　　配电箱布置：在管廊下腔布置24只二级电源箱，间隔约250m一个，电源从隧道内10kV变压器一级箱接入。每只二级电源箱引出2只三级电源箱，共48只。

　　施工现场临时用电采用三相五线制标准布设，配电线路沿管壁支架敷设，上下腔之间通过预留孔洞穿过箱涵，并在支架上表明走向。变压器、总配电箱、分配电箱、开关箱和便携式电源盘应满足电气安全及相关技术要求，漏电保护器应定期试验，确保功能完好。各类接地可靠，采用黄绿双色专用接地线。配电箱标识牌如图4-2所示。

　　外观及形状：设备产品应符合现行国家标准的规定，应有产品合格证及设备铭牌；箱体外表颜色为不锈钢本色；箱门标注"有电危险"警告标志，配电箱内母线不能有裸露现象。

　　使用要求：按规定安装漏电保护器，每月至少检验一次，并做好记录；应有专人管理，并加锁；箱体内应配有接线示意图，并标明出线回路名称。

　　施工电源箱正面布置"当心触电"的安全警示标识，张贴安全用电责任牌，载明配电箱编号、名称、用途、维修电工姓名、联系电话。漏电保安器应定期试验，检查表应张贴在电源箱门内侧，检查表采用A4纸。

配电箱标识牌			
用电单位	XXX施工单位		
配电箱级别	二级配电箱		
编　　号	××号		
专业电工	XXX	电话	88888888
施工负责人	XXX	电话	88888888

图4-2　配电箱标识牌

总配电箱、分配电箱、开关箱中必须设工作中性线和保护中性线小母线（10×4铜排两根N排和PD排），N排与箱体间用绝缘子过渡连接。在总配电箱、分配电箱、开关箱三处就近各设重复接地装置；从PD排上用单根多股导线（PD线）与RC规范连接。配电箱结构图如图4-3所示。

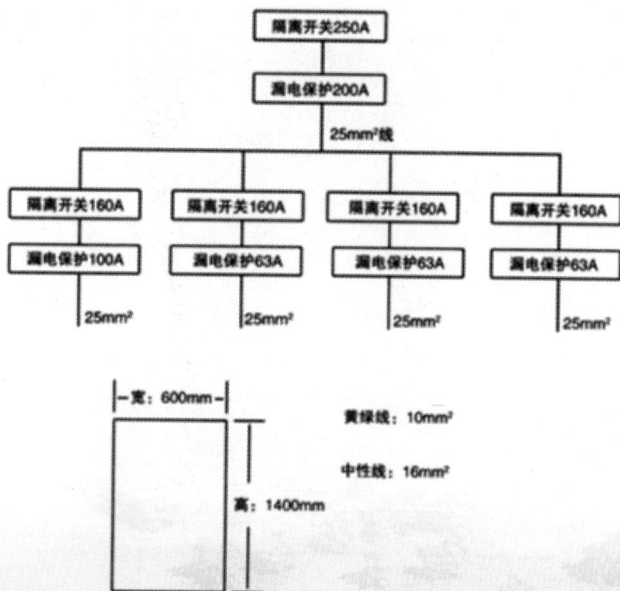

图4-3　配电箱结构图

　　PD排与箱体之间直接连接（见图4-4）并用保护用导线（多股铜线）与箱门跨接，保护重复接地装置阻值（RC）和电气设备保护接地（外借电源）装置阻值（R）不得大于10Ω。

图4-4　PD排与箱体的连接

　　总配电箱、分配电箱及开关箱应装设总分断开关，如图4-5所示。开关箱与分配电箱的直线距离不宜超过30m，开关箱与其控制的固定式用电设备的直线距离不宜超过5m。

图4-5　装设分断开关

　　每台用电设备应有各自专用的开关箱（见图4-6），必须实行"一机一闸"制，开关箱中必须装设漏电保护器（见图4-7），漏电保护器应符合 GB/T 6829—2017《剩余电流动作保护电器的一般要求》的要求。

图4-6　开关箱的布置

图4-7　剩余电流动作保护器布置

4.1.2 移动式灯具

每50m布置可移动、可升降式双向灯具（见图4-8），每盏灯具100W。

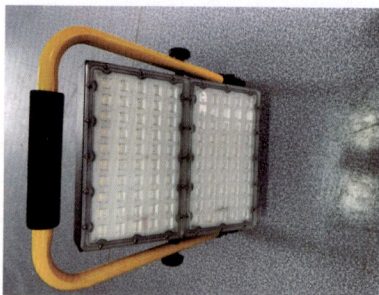

图4-8　移动式灯具布置

4.1.3 灯带

作业面处每千米布置100m LED灯带（见图4-9），并根据作业面变化情况移动。

图4-9　LED灯带布置

4.2 施工临时通风

一端洞口处布置两台轴流风机，分别向隧道上下腔200m距离内输送新鲜空气，如图4-10和图4-11所示。

图4-10　风机布置

图4-11　风管布置

4.3 管廊上下腔临时爬梯

在管廊上下腔的人孔处设置爬梯通道，并悬挂"由此上下"的标识牌，如图4-12所示。

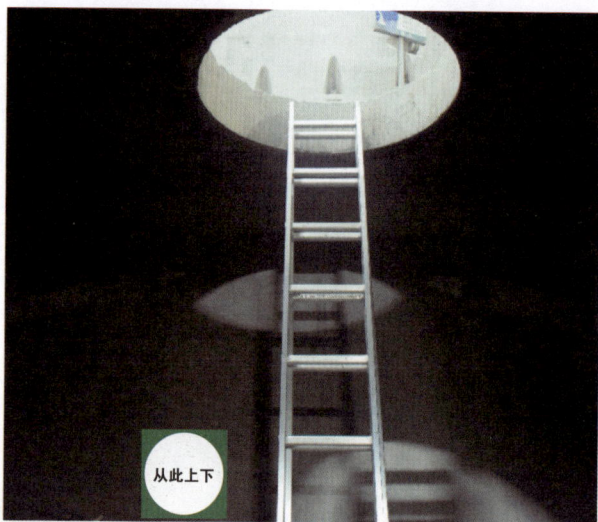

图4-12　临时爬梯布置

4.4 材料堆放区及移动式货架

4.1.1 材料堆放区

　　物料存放在固定区域，如图4-13所示，地面划线，分类、分规格型号、分批号存放，并悬挂标识牌；常用性物资材料如扁钢、螺栓等要保持一定存量；临时性材料不用时应及时清理，运输到隧道外；保持人行通道畅通。

图4-13　材料堆放区

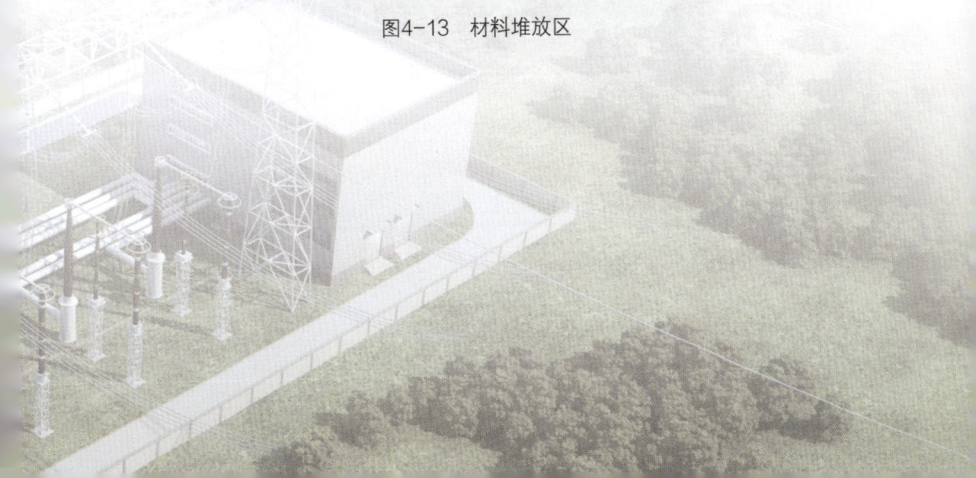

材料状态牌：用于表明材料状态，分完好合格品、不合格品两种状态牌，如图4-14所示。规格为300mm×200mm或200mm×140mm。

合格品标识牌中部为蓝色（C＝100）、底部为绿色（C＝100，Y＝100）。

不合格品标识牌中部为蓝色（C＝100）、底部为红色（M＝100，Y＝100）。

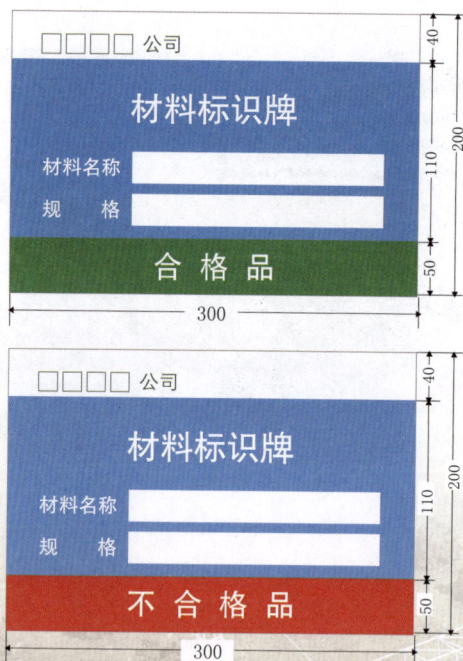

图4-14 材料状态牌

工具状态牌：用于表明工具状态，分完好合格品、不合格品两种状态牌，如图4-15所示。规格为300mm×200mm或200mm×140mm。

合格品标识牌中部为蓝色（C＝100）、底部为绿色（C＝100，Y＝100）。

不合格品标识牌中部为蓝色（C＝100）、底部为红色（M＝100，Y＝100）。

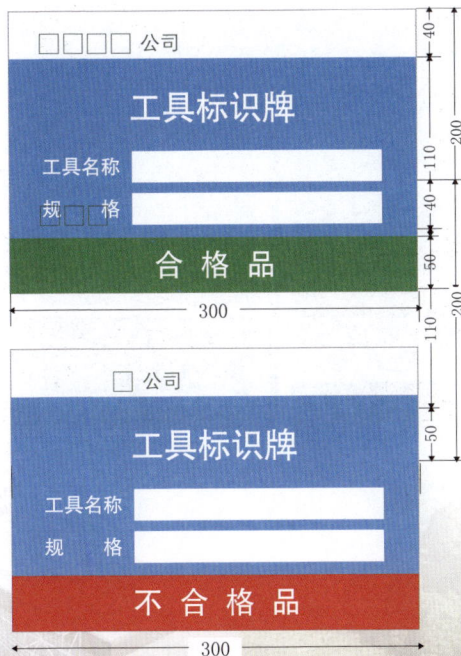

图4-15　工具标识牌

4.4.2 移动式货架

　　管廊内GIL安装作业面采用定制化布置，在4个安装作业面各摆放一个移动式货架，如图4-16所示，所有安装工器具及材料均整齐摆放在货架上。

图4-16　移动式货架

4.5 消防布置

　　重要施工作业面、材料堆放区、二级和三级电源箱处配置干粉灭火器。隧道内每隔250m配置流动灭火器箱，如图4-17所示。每月定期进行检查，填写灭火器检查记录表。灭火器应放置在便于取用的地点，放置稳固，其铭牌朝外，且不得影响安全疏散。

　　灭火器箱不得上锁，取用方便；灭火器表面清洁、干燥、无锈蚀，避免强热辐射，铭牌完整清晰，保险销和铅封完好，喷嘴或喷射软管畅通，没有堵塞、变形和损伤缺陷。

（a）

（b）

图4-17　流动灭火器布置

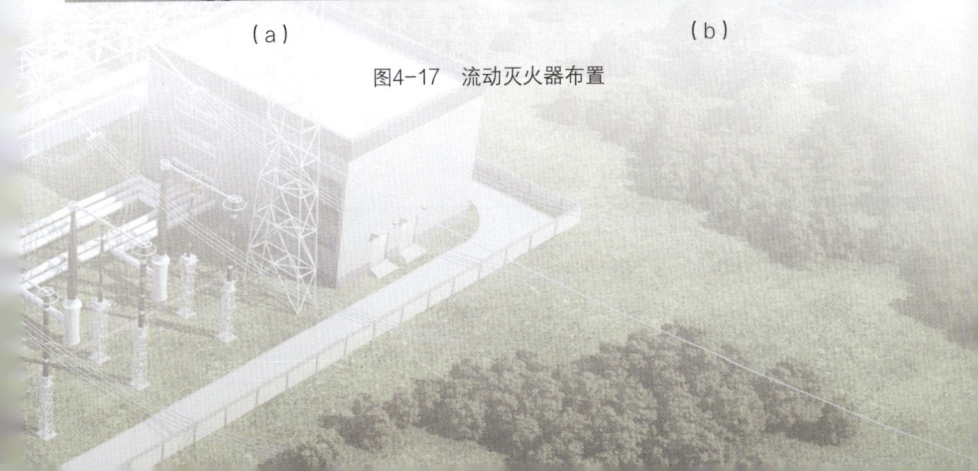

灭火器材上张贴检查记录标签（见图4-18），对灭火器按月度进行定期检查，并将检查时间、维修和灭火器完好有效的状态记录在标识牌上。

消防器材检查标签

换药时间__________

有 效 期__________

责 任 人__________

检查时间（每月一次）

_____年__月__日

_____年__月__日

_____年__月__日

图4-18　消防器材检查标签

注：尺寸要求为65mm×100mm。

4.6 孔洞盖板布置

　　管廊内上下腔所有孔洞均设置临时孔洞盖板，如图4-19所示，保障人员作业安全。

　　根据孔洞大小使用20mm钢板做盖板，正面覆盖黄黑警示，背面根据孔洞实际大小设置框架钢筋。根据实际需要重载、频繁过车的孔洞应根据实际需求荷载确定钢板厚度，并做结构加强措施，如开口尺寸过大，需单独设计，进行受力验算。

　　孔洞及沟道临时盖板边缘应大于孔洞（沟道）边缘100mm，并紧贴地面。

　　孔洞及沟道临时盖板因工作需要揭开时，孔洞（沟道）四周应设置安全围栏和警告牌，根据需要增设夜间警告灯，工作结束应立即恢复。

　　孔洞防护盖板上严禁堆放设备、材料。

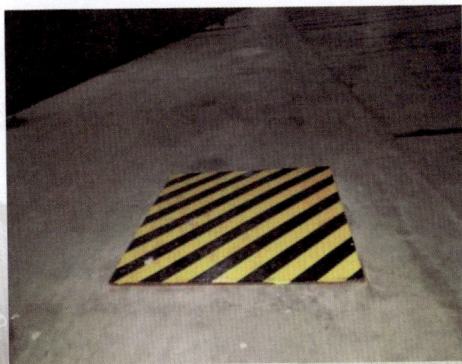

图4-19　孔洞盖板布置

4.7 定位标识

4.7.1 距离标签

    管廊壁每五个管片贴一张表示位置的反光距离标签（示例见图4-20），从南岸入口以编号1开始，连续编号，直至北岸出口。并在前面加上S（南）、N（北）区分管廊南段及管廊北段。

图4-20　距离标签示例

4.7.2 方向辅助标志

从管廊中间分界处往两岸每隔50m张贴紧急出口方向标志，指示最近的管廊出口方向，如图4-21所示。

（a）　　　　　　　　　　　　（b）

图4-21　方向辅助标志

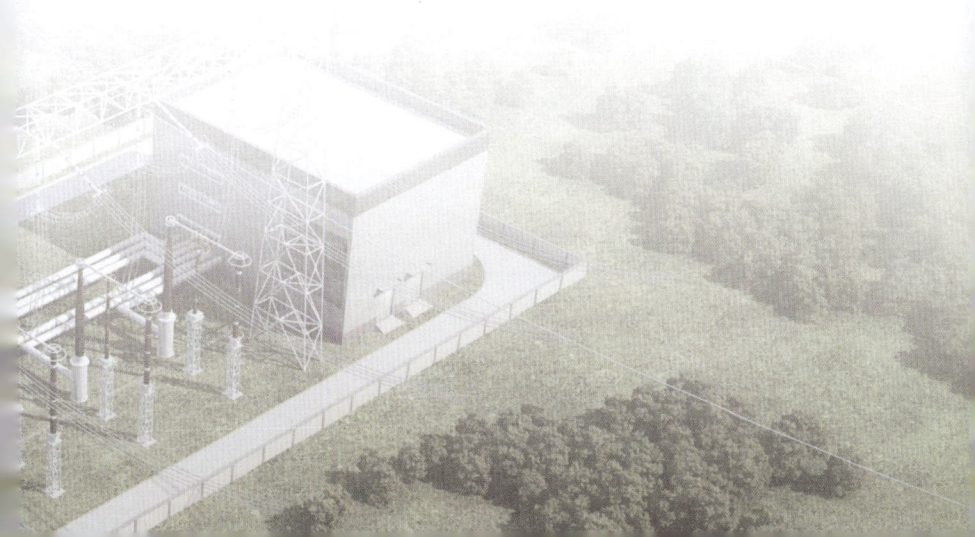

4.7.3 中间位置标识牌

在管廊内中间处设置中间位置标识牌（见图4-22），标注管廊南北分界。

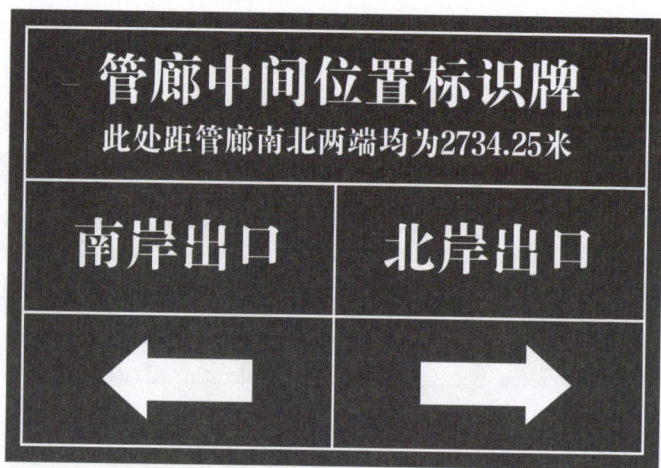

图4-22　中间位置标识牌

注：尺寸要求为600mm×900mm。

4.7.4 工作面导向牌

在每个GIL管廊安装对接面处设置工作面导向牌（见图4-23），标注休息区、移动卫生间、呼叫系统、应急物资的方位。

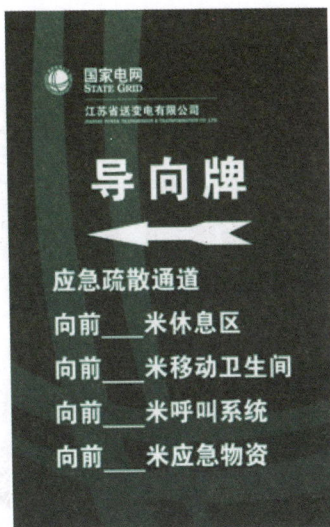

图4-23 导向牌

4.8 移动式卫生间

管廊内每千米范围内配备1个真空、移动式环保卫生间（见图4-24），共5个。卫生间采用不锈钢材质，长2m、宽1.8m、高2.05m，底部预留叉车孔，便于运输。厕所下方设置集便箱储存废物，每日清运更换。

图4-24 移动卫生间

4.9 垃圾箱

　　每隔200m设置一组移动式垃圾箱（见图4-25），可回收和不可回收垃圾分类存放，确保"工完、料尽、场地清"。

图4-25　垃圾箱

4.10 三角旗警戒绳

GIL设备安装完成的区域，悬挂三角旗警戒绳（见图4-26）。

图4-26　三角旗警戒绳

4.11 工作地点标志牌

在各个工作地点布置三块可移动式标志牌，包括工作任务牌、工艺控制牌和风险提示牌。

4.11.1 工作任务牌

工作任务牌如图4-27所示。

图4-27　工作任务牌

注：尺寸要求为500mm×800mm。

4.11.2 工艺控制牌

工艺控制牌包括辅助系统安装工艺牌和GIL安装工艺牌，如图4-28和图4-29所示。

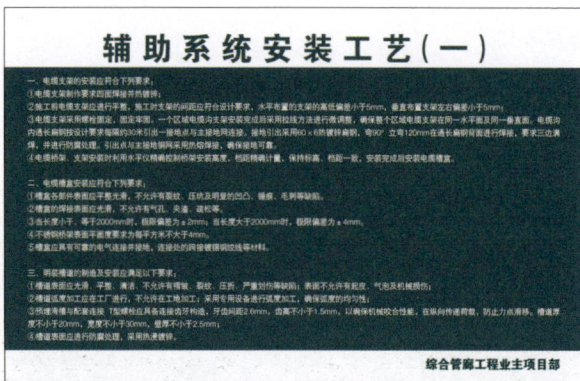

（a）

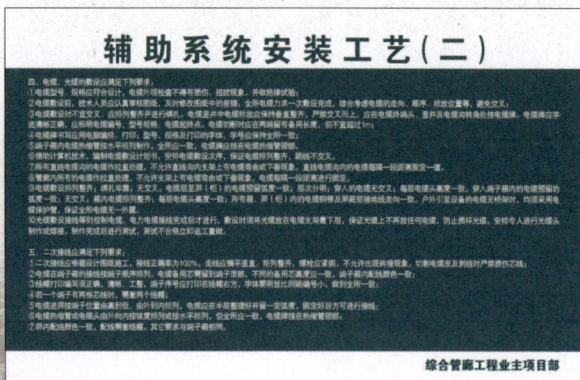

（b）

图4-28　辅助系统安装工艺牌

注：尺寸要求为500mm×800mm。

GIL 安 装 工 艺

一、根据管廊非直线、有弧度、有坡度的结构特点，因地制宜，合理布置GIL支架预埋件，安装时严格控制其垂线、标高等误差，在GIL支架上设置长型孔，便于GIL管道对接安装。

二、严格控制对GIL设备运输车辆行驶速度，在GIL设备本体安装详注、通过不平起、贴过过的户外接地气，确保GIL设备在运输和吊位过程中所受冲击加速度满足厂家技术规范要求。

三、管廊内对GIL管道组成对接时，应用GIL安装移动化作业间，通过不断入品过的洁净气、保证内廊环境满足厂家要求，同时安排专人对作业间内温度、湿度、粉尘密度进行测量监测，一旦发现环境质量超标，立即停止作业。工作人员应保持个人清洁，穿戴专用的洁净工作服，非进现场工作人员不允许不佩戴洁净衣进行安装现场。

四、工作件的对GIL安装时，在GIL下端安装防尘盖，应在盖口拆除包装面板、清洁处理对接口以及封盖，使用斗车吊GIL管道至对接位置，将母线插入触头面内，连接完毕后对和地吃行紧螺栓，所有螺栓的紧固均应使用力矩扳手，且力矩值应符合产品的技术规定，最后再拆除防尘盖。

五、严格按照每步进行的操作，不得随意顺注，安装位置和相序须按厂家现场代表确认无误后才能进行安装。

六、GIL筒体内部清洁应全面、彻底，不允许有任何放置及金属物件存在，尤其是安装拆卸的部螺柱时，要特别小心，因放置和拆卸的部螺栓时可能会产生金属异物，这类杂质落入筒体内是十分危险，在作业完成后应应用器仔细清理干净。

七、连接部配半无式安装部件时，确保整体在连接缝行之后撤开的时间极短。如果不能迅速安装，则应用塑料薄膜等覆盖筒体口部，尽可能细小异物地质（灰尘、研屑、潮气）进入到GIL设备造成损害。

八、母线安装控制要点：

a)先检查母线表面及触指有无生锈、氧化等，如有及凹凸不平。如有，则采用砂纸将其处理平整，并用清洁无纤维棉擦擦且布有或不起毛的擦拭抹沾无水酒精擦净触触的部位，在触指上自上清净的一层电力复合脂。

b)推进母线前应丰母线同轴心与触头座接触，然后用母线插入工具，将母线完全均匀插入触头，初时接触头尺寸了，连接母线应对准触头中心，均匀插入，不得卡阻，接触行槽应符合产品的技术规定。母线对接应注意观察孔或其他方式进行检查，确认。

九、法兰面连接控制要点：

a)法兰对接前应在法兰注涂面，密封槽及密封槽进行检查，注出面及密封槽面面清洁。无脏物、密封型、密封圈清洁法兰好推得圈自有或不起毛的擦纸纸擦擦无水酒精擦净对面，然后在空气一侧均匀涂密封料，涂完密封料应之即涂口过盖封料，并注意不得使密封剂注入沟密封腔内。

b)密封过程要重注同润润流均匀。连接完毕后，对称均匀拧紧螺栓，所有螺栓的紧固均应使用力矩扳手，且力矩值应符合产品的技术规定。

综合管廊工程业主项目部

图4-29 GIL安装工艺牌

注：尺寸要求为500mm×800mm。

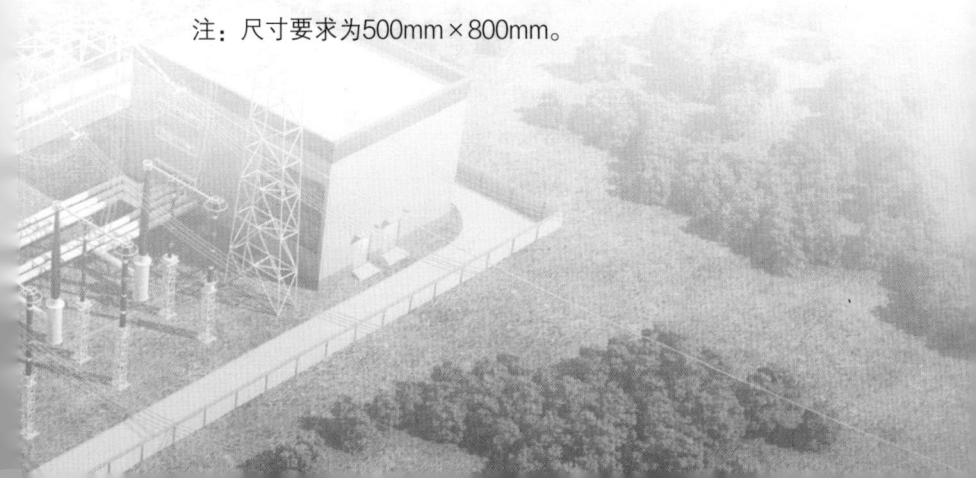

4.11.3 风险提示牌

风险提示牌如图4-30所示。

风 险 提 示 牌

工序	作业内容及部位	风险可能导致的结果	固有风险评定值D1	固有风险级别	预控措施
有限空间作业					
有限空间作业	有限空间作业	窒息、爆炸、车辆伤害	63	2	（内容略）

综合管廊工程业主项目部

图4-30　风险提示牌

注：尺寸要求为500mm×800mm。

4.12 风淋室

风淋室是进入洁净室所必需的通道，可以减少进出洁净室所带来的污染问题。风淋室是一种通用性较强的局部净化设备，安装于洁净室与非洁净室之间。操作人员及工具进入防尘棚前必须做好清洁处理工作。进入防尘棚前，操作人员应更换好防尘服，携带操作工具通过风淋室持续风浴15s以上，风淋室吹出的洁净空气可去除人与工具所携带的尘埃，能有效地阻断或减少尘源进入防尘棚。风淋室如图4-31所示。

图4-31　风淋室

4.13 移动防尘棚（钻孔专用）

（1）为保证GIL安装良好的施工作业环境，在管廊内进行钻孔作业需使用移动式防尘棚（见图4-32）。

（2）移动式防尘棚外形尺寸为2000mm×2000mm×2000mm。

（3）进入移动防尘棚要穿工作服，佩戴安全帽、3M口罩等个人防护用品。

（4）工作时需确保防尘棚的搭扣及时封好，并及时采用吸尘器清理因钻孔造成的扬尘。

图4-32　移动防尘棚

PART 5　常用标识牌

5.1 提示标识牌

提示标志的含义是向人们提供某种信息（如标明安全设施或场所等）的图形标志。

提示标志的基本型式是绿色（C=100，Y=100）正方形边框，上涂白色圆形，黑色黑体字，上、下间隙相同，提示牌参数为：A=250mm，D=200mm或A=150mm，D=120mm，可根据现场实际情况选用。

常用提示标识牌示例如图5-1所示。

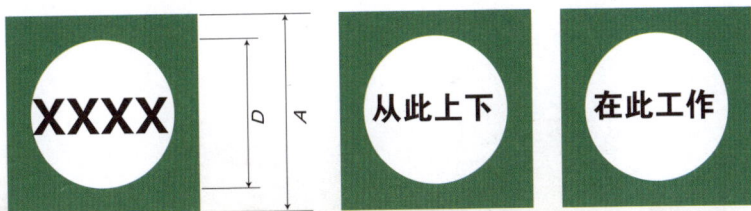

图5-1　常用提示标识牌示例

提示标识牌应根据现场的实际需求设置，提示作业人员对环境注意。如走道处、通道、爬梯处设置"从此上下"，检查、维护、维修设备时设置"在此工作"。

5.2 指令标识牌

指令标志的含义是强制人们必须做出某种动作或采取防范措施的图形标志。

指令标志的基本型式是白色长方形衬底，上涂蓝色（C＝100）圆形标志，下面为矩形黑色框和黑色、黑体字，图形上、中、下间隙相等，如图5-2所示。

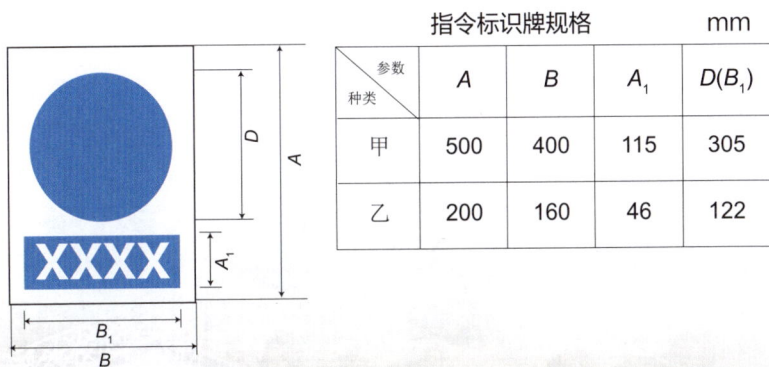

指令标识牌规格　　　　　mm

参数 种类	A	B	A₁	D(B₁)
甲	500	400	115	305
乙	200	160	46	122

图5-2　指令标识牌

常用指令标识牌标准式样及应用规范如图5-3所示。

（1）必须戴安全帽，式样如图5-3（a）所示。变电工程大门入口处及安全通道应设置此标志。

（2）必须系安全带，式样如图5-3（b）所示。高处作业场所入口处等应设置此标志。

（3）必须戴防尘器口罩，式样如图5-3（c）所示。易产生灰尘场所应设置此标志。

（4）必须戴防护眼镜，式样如图5-3（d）所示。钻床、砂轮机及焊接和金属切割等作业场所应设置此标志。

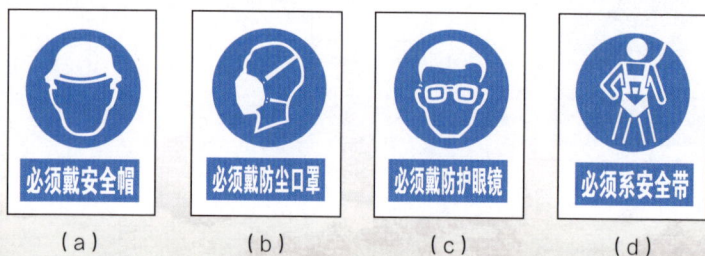

（a）　　　　　（b）　　　　　（c）　　　　　（d）

图5-3 常用指令标识牌标准式样

5.3 警告标识牌

警告标志的基本含义是提醒人们对周围环境引起注意，以避免可能发生危险的图形标志。

警告标志的基本型式是白色长方形衬底，上涂黄色（Y=100）正三角形及黑色警告标志框，下面为黑（K=100）框白底、黑体黑字，图形上、中、下间隙相等，如图5-4所示。

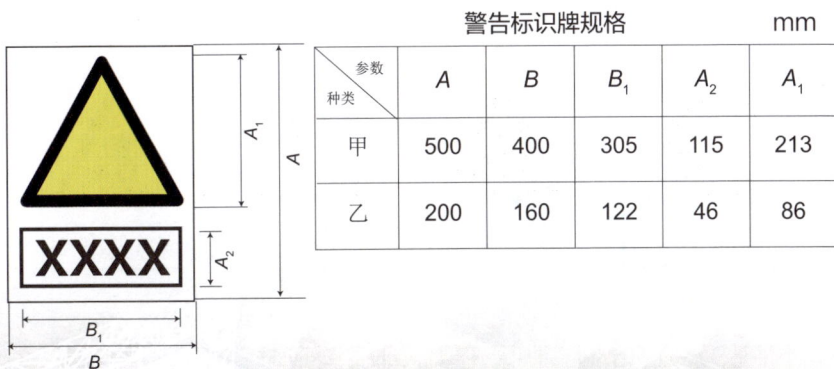

警告标识牌规格 mm

参数 种类	A	B	B_1	A_2	A_1
甲	500	400	305	115	213
乙	200	160	122	46	86

图5-4 警告标识牌

警告标识牌示例如图5-5所示。

图5-5　警告标识牌示例

5.4 禁止标识牌

禁止标志的含义是禁止人们不安全行为的图形标志。

禁止标识牌的基本形式是白色长方形衬底，涂以红色（M=100，Y＝100）圆形带斜杠的禁止标志，下方为红色矩形黑体字标志，图形上、中、下间隙相等，如图5-6所示。

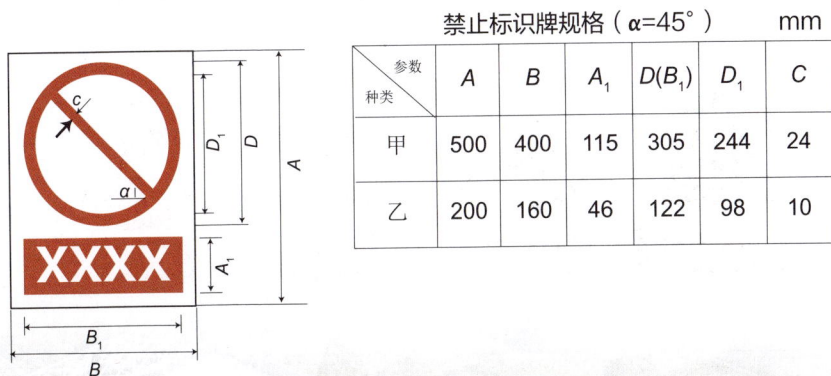

禁止标识牌规格（α=45°）　　　mm

参数 种类	A	B	A_1	$D(B_1)$	D_1	C
甲	500	400	115	305	244	24
乙	200	160	46	122	98	10

图5-6 禁止标识牌

常用禁止标识牌示例如图5-7所示。

图5-7 常用禁止标识牌示例